# BEI GRIN MACHT SICH IHR WISSEN BEZAHLT

- Wir veröffentlichen Ihre Hausarbeit, Bachelor- und Masterarbeit

- Ihr eigenes eBook und Buch - weltweit in allen wichtigen Shops

- Verdienen Sie an jedem Verkauf

Jetzt bei www.GRIN.com hochladen und kostenlos publizieren

**Bibliografische Information der Deutschen Nationalbibliothek:**

Die Deutsche Bibliothek verzeichnet diese Publikation in der Deutschen National-
bibliografie; detaillierte bibliografische Daten sind im Internet über http://dnb.d-
nb.de/ abrufbar.



**Impressum:**

Copyright © 2008 GRIN Verlag, Open Publishing GmbH
Druck und Bindung: Books on Demand GmbH, Norderstedt Germany
ISBN: 978-3-668-10466-2

Simon Hemstreit

# Leitsysteme. Siemens „Desigo", ein flexibles Gebäude-automatisierungssystem

GRIN Verlag

# SEMESTERARBEIT

Automatisierung technischer Prozesse 3

## Leitsysteme

**Siemens „Desigo"**
**Flexibles Gebäudeautomatisierungssystem**

ausgeführt am

Fachhochschul-Studiengang
Technisches Projekt- und Prozessmanagement

durch

**Simon Hemstreit**

# KURZFASSUNG

Dieses Dokument dient als Information über das Gebäudeautomatisierungssystem „Desigo" der Firma Siemens und soll einen Überblick über die Eigenschaften und Funktionen des Systems bieten.

In den nachfolgenden Abschnitten werden die einzelnen Systemebenen des Leitsystems „Desigo" erklärt. Es wird näher gebracht wie die Komponenten des Systems untereinander kompatibel sind und welche Funktionen über die Mensch-Maschine-Interfaces auf den jeweiligen Systemebenen realisiert sind. Weiters wird erläutert wie die einzelnen Managementfunktionen der zentralen Gebäudeleittechnik arbeiten.

Nicht Ziel dieser Arbeit ist es auf detaillierte technische Eigenschaften des Leit- und Bussystems einzugehen  sowie die Beleuchtung der Feldbusautomatisierung. Diese Daten können bei Bedarf aus den entsprechenden Datenblättern der Firma Siemens (siehe Anhang) und facheinschlägiger Literatur entnommen werden.

# ABKÜRZUNGSVERZEICHNIS

| | |
|---|---|
| AA | analoger Ausgang eines Prozessgeräts |
| AE | analoger Eingang eines Prozessgeräts |
| ANSI | American National Standards Institute (ANSI) (US-amerikanische Stelle zur Normierung industrieller Verfahrensweisen) |
| ASHRAE | American Society of Heating, Refrigerating and Air-Conditioning Engineers (US-amerikanische Gesellschaft für Heizungs-, Kühlungs- und Luftkonditionierungstechnik) |
| BACnet | Data Communication Protocol for Building Automation and Control Networks (Kommunikations-Protokoll für Datennetze der Gebäudeautomation und Gebäuderegelung) |
| BIG | BACnet Interest Group (BACnet Interessensvertretung) |
| BMA | BACnet Manufacturer Association (BACnet Herstellervereinigung) |
| BTL | BACnet Testing Labors |
| CD | Collision Detection (Kollisionsdetektion) |
| CEN | Comité Européen de Normalisation (Europäische Komitee für Normung) |
| CSMA | Carrier Sense Multiple Access (Mehrfachzugriff mit Trägerprüfung) |
| DA | digitaler Ausgang eines Prozessgeräts |
| DE | digitaler Eingang eines Prozessgeräts |
| Device | Gerät, Einheit |
| DIN | Deutsches Institut für Normung |
| E/A | Ein- und Ausgang eines Prozessgeräts |
| GA | Gebäudeautomatisierung |
| HBE | Handbedienebene der E/A-Bausteine modularer Prozessgeräte |
| HLK | Heizungs-, Lüftungs- und Klimatechnik in der technischen Gebäudeausrüstung |
| ISO | International Organisation for Standardisation (Internationale Organisation für Normung) |
| IOB | Interoperabilitätsbereich |
| MS/TP | Master-Slave/Token-Passing |
| MSR | Mess-, Steuer- und Regelung |
| OSI-Modell | Open Systems Interconnection Modell (auch ISO-OSI-Schichtmodell) |
| PICS | Protocol Implementation Conformance Statement (Konformitätsbescheiningung der Protokoll-Implementierung) |
| PTP | Point To Point (Punkt zu Punkt bzw. Punktsteuerung) |
| UE | universeller Eingang eines Prozessgeräts |

# Schlüsselbegriffe

Automatisierungsebene
BACnet
Datenpunkt
DESIGO
Feldebene
Gebäudeleittechnik
Insight
Leitsystem
Managementebene
Systemtopologie

# INHALTSVERZEICHNIS


1. EINLEITUNG ........................................................................................... 1

1.1    Allgemeine Systembeschreibung ......................................................... 1

2. DIE MANAGEMENTEBENE ...................................................................... 4

2.1    Softwarefunktionen der zentralen Leittechnik ..................................... 4

    2.1.1    Aufzeichnungsfunktionalität ......................................................... 4

    2.1.2    Ereignisverarbeitungsfunktionalität ............................................. 6

    2.1.3    Zeitfunktionalität ......................................................................... 7

    2.1.4    Nutzerzugriffsverwaltung ............................................................ 8

    2.1.5    Grafikdarstellung ......................................................................... 9

2.2    Datenauswertung und Energiemanagement ..................................... 10

3. DIE AUTOMATISIERUNGSEBENE ......................................................... 11

    3.1.1    kompakte Prozessstationen ...................................................... 11

    3.1.2    modular aufgebaute Prozessstationen ...................................... 13

    3.1.3    MMI in der Automatisierungsebene ........................................... 13

    3.1.4    Webserver für Automatisierungsebene ..................................... 14

4. DIE FELDEBENE ..................................................................................... 16

4.1    Baugruppen zur Signalverarbeitung .................................................. 16

4.2    Raumautomatisierung ........................................................................ 18

    4.2.1    Raumautomation auf Basis LonMark ........................................ 19

    4.2.2    Raumautomation auf Basis KNX (EIB) ...................................... 20

5. INTERGRATION VON DRITTHERSTELLERN ......................................... 21

6. SOFTWARE-ENGINEERING .................................................................... 22

Abbildungsverzeichnis .................................................................................. 24

Tabellenverzeichnis ...................................................................................... 25

Literaturverzeichnis ...................................................................................... 26

# 1. EINLEITUNG

In diesem Kapitel wird das Thema eingeleitet und die Grundlagen zum ausgewählten System erklärt. Das System wurde von Siemens Building Automation entwickelt und trägt den Namen DESIGO. Das System wurde zur Realisierung von Aufgaben in der Gebäudeautomatisierung - speziell die Regelung von HLK-Anlagen - entwickelt.

## 1.1 Allgemeine Systembeschreibung

Siemens DESIGO ist die Zusammenfassung von frei programmierbaren Prozessstationen mit modularem Aufbau. Die Komponenten sind in der kompletten Breite der Gebäudetechnik einsetzbar. Das System besteht aus integrierten Steuer- und Regeleinrichtungen, die auf allen Systemebenen (Management-, Automatisierungs- und Feldebene) zum Einsatz kommen können. Das System hat neben automatisierten Bedienungsfunktionen über die zentrale Gebäudeleittechnik auch die Funktion von Datenprozessierung und Energiemanagement.

Dabei setzt das System vorwiegend auf offene Kommunikationsstandards und daher auch bei Erweiterungen einer bereits installierten Basis mit diversen Drittherstellern flexibel. Das Leitsystem besteht aus einem voll skalierbaren Sortiment an Prozessautomatisierungsstationen, Einzelraumregeleinheiten und MMI-Bedien- und Eingreifmöglichkeiten auf allen Systemebenen. Das System kommuniziert auf Grundlage folgender Standards:

> ➢ BACnet über das Kommunikationsmedium Lon oder Ethernet/IP – Kommunikation in der Automatisierungs- und Managementebene
> ➢ LON, KNX (EIB) und PPS2 über das Kommunikationsmedium Lon oder Zweidrahtleitung – Kommunikation in der Feld- und Automatisierungsebene
> ➢ Mod-Bus, SED2, M-Bus, OPC – Kommunikation über diverse Medien je nach Erfordernis der Integration von Geräten dritter Hersteller - Vorwiegend in der Automatisierungs-, aber auch in der Feldebene möglich.

Gemäß Dipl. Ing. Hans R. Kranz ist folgendes bei der Interoperabilität von Gebäudeautomatisierung folgendes zu beachten: „Eine Plug-and-play-Aufschaltung von Systemen unterschiedlicher Hersteller auf ein System mit genormten Protokoll ist im Bereich der Gebäudeautomation Utopie. Eine maximale Durchgängigkeit zwischen den verschiedenen Ebenen und Produkten wird auf absehbare Zeit nur in homogenen Systemen der namhaften Hersteller erreicht." [Kra06].

Daher ist Interoperabilität von Drittherstellern jedenfalls anhand der gegebenen Dokumente (z.B. PICS, ISO-Standard) zu überprüfen.

Die Bedienung von HLK-Anlagen stellt in der Gebäudetechnik eine komplizierte Aufgabe dar. Das System benutzt daher nutzerspezifisch anpassbare Bedienerin-

terfaces auf allen Ebenen des Systems. Die Bedienelemente können mit beliebeigen Texten und verschiedensten Grafikelementen organisiert werden.

Funktionen, die in der Gebäudetechnik komplexe und aufwändige Zusammenhänge darstellen (dies sind z.B. h/x-Kurven, Heizkennlinien und Lastabwurfberechnungen und Netzwiederkehrschaltungen) werden über einen zentralen Rechner, über den das System zusammengeführt ist angezeigt. Die Anzeige erfolgt hier vorwiegend grafisch und erfordert eine geschulte Bedienerbenutzung.

Die Leittechnikfunktionen können, sofern dies der Sicherheitsstandard des Kunden zulässt auch über das Intra- oder Internet erfolgen, womit eine Fernbedienung der Betriebsführung oder Wartung erfolgen kann. Zusätzlich können Pager, Handys und PDA's auf das System gekoppelt werden um kritische Zustände an das zuständige Servicepersonal zu übermitteln.

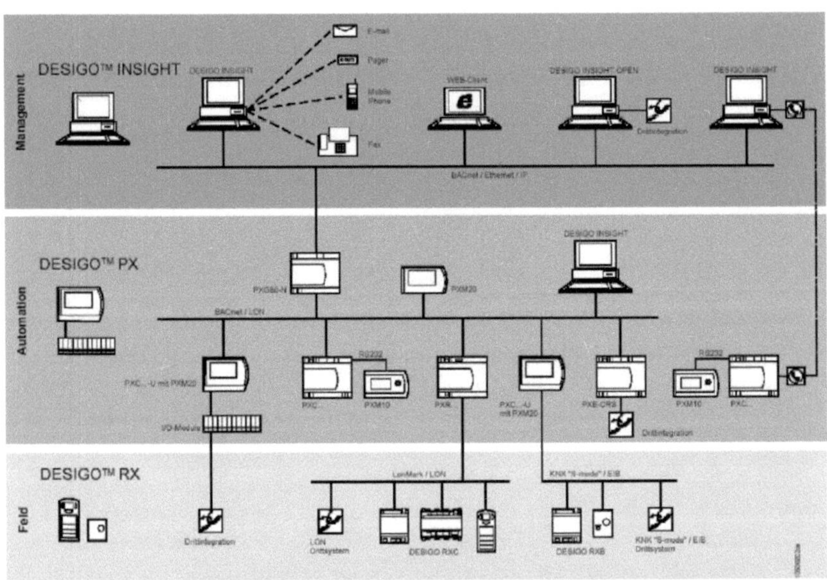

Abbildung 1.1: Systemtopologie DESIGO [Sie08]

Die Abbildung 1.1 zeigt den Systemaufbau des DESIGO-Systems. Der obere Teil der Darstellung zeigt die Managementebene des Systems. Der links gezeichnete Rechner ist der so genannte Vollausbau für die Fernalarmierung. Hier sind beispielhaft alle Elemente gezeichnet, die über den Rechner als Alarmempfänger angesteuert werden können. Der Rechner in der linken Hälfte, der mit dem Begriff „WEB-Client" bezeichnet ist, ist die Remotebedienung des Systems via Intra- und Internet. Gleiches gilt für den Rechner rechts, der direkt über eine Modemleitung auf ein bestimmtes Prozessgerät in der Automatisierungsebene zugreifen kann. Die Rechner die mit dem Namen „DESIGO INSIGHT" beschrieben sind können,

die im späteren Teil dieses Dokuments beschriebenen Softwarefunktionen ausführen. In der unter der Managementebene liegenden Ebene – der Automatisierungsebene - sind alle möglichen Kombinationen an Prozessgeräten dargestellt. In der Feldebene darunter sind symbolisch Drittgeräte und Einzelraumregelungssysteme dargestellt. Die nähere Beschreibung folgt in den nächsten Kapiteln.

# 2. DIE MANAGEMENTEBENE

Im Nachfolgenden Teil wird die Managementebene des behandelten Systems durchleuchtet. Im Näheren werden Softwarefunktionen und Managementmöglichkeiten gezeigt. Die Hardware der Managementebene wird hier nicht näher behandelt, da hier Rechner der aktuellen Technologie verwendet werden. Eine genaue Spezifikation ist nicht erforderlich.

## 2.1 Softwarefunktionen der zentralen Leittechnik

Die Managementfunktionen von der Leittechnikzentrale sind auf die HLK-Technik zugeschnitten und bringt eine nutzerfreundliche Beobachtung und Bedienung des Leitsystems. Die einzelnen beschriebenen Softwarefunktionen können einzeln auf der Rechnerzentrale und auf Wunsch des Betreibers installiert werden. Die einzelnen Bündel sind unabhängig voneinander und müssen nicht als komplettes Paket erworben werden. Dabei ist variabel einstellbar welcher Nutzer/Zugriff welche Rechte und Pflichten besitzt und wird bei der Installation und Konfiguration der Qualifikation der Benutzer angepasst. Alle genannten Funktionen sind sowohl über den zentralen Rechner, als auch über eine entsprechende Erweiterung über ein Netzwerk (Intra- oder Internet) zugänglich. Die Funktionen der Pakete stehen dann vollumfänglich (einzig beschränkt durch die Geschwindigkeit der Verbindung zur Anlage) über Standard-Internetbrowser zur Verfügung.

### 2.1.1 Aufzeichnungsfunktionalität

Die Aufzeichnung von Betriebsdaten ist eine wichtige Funktion in der Gebäudetechnik. Durch das Aufzeichnen von Betriebsdaten - dies sind im speziellen physikalische Eingangsgrößen der Anlage - können Schlüsse auf die Parameter der Regelung und Steuerung gemacht werden. Durch die Veränderung dieser Parameter kann die Regelung optimiert und langzeitige Verbesserungen von Einzel- und Gesamtprozessen verwirklicht werden. Diese Verbesserungen ergeben sich meist aus der Gebäudephysik und -geometrie.

Die so genannte Trendaufzeichnung ist eine Datenverarbeitung der Ein- und Ausgangssignale. Die Datenaufzeichnung erfolgt wahlweise in Echtzeit oder im Nachhinein aus der Anlagenaufzeichnung. Im System werden die Aufzeichnungsdaten gemäß den Richtlinien der ISO-Norm für native BACnet-Kommunikation als Trend-Objekt für dritte Systemintegratoren verfügbar. Die Daten werden verarbeitet und in der nutzerspezifischen Form visualisiert. Die entstehenden Diagramme und Kurven sind auf dem Bediengerät in der Automatisierungsebene und auf der zentralen Leittechnikstation darstellbar. Die Darstellungen erfolgen zwei- oder dreidimensionaler Grafik. Im Echtzeitmodus werden die gewünschten Ein- oder Ausgangszustände (z.B. Temperaturen, Störmeldungen) in einem COV- oder Abfrageverfahren eruiert und als Datenwert in der ausgewählten Grafikdarstellung direkt ausgegeben. Einschwingvorgange der Regelung können somit geklärt werden. Um zu verhindern dass die größtmögliche Datenmenge überschritten wird, ist die temporäre Speicherung der Daten begrenzt. Sollten weitere Datenaufzeichnung

erforderlich sein so können diese exportier oder über eine spezielle Datenprozessierungssoftware (siehe 2.2) ausgewertet werden. Der historische Aufzeichnungskanal erfordert keine permanente Verbindung zur Bedieneinheit (Bediengerät oder Bedienstation / Leitzentrale). Die Prozessstation speichert bis zur nächsten Auslesung die Datenwerte und gibt diese dann bei Bedarf an die grafische Auswertung ab.

Die Abbildung 2.1 veranschaulicht die Aufzeichnung von diversen Eingangsgrößen auf der Bedienstation Desigo Insight. Im linken Abschnitt ist der aktuelle Projektbaum mit den angeschlossenen Prozessgeräten abgebildet. Die Werte können aus dem Projektbaum ausgewählt werden und in die Trendaufzeichnung rechts abgebildet werden. In den rechten Bildern sind Beispiele für Werteaufzeichnungen vorhanden. In der oberen Abbildung werden zwei digitale Zustände mit einem analogen Wert verglichen. In der unteren Abbildung ist ein analoger Eingang angezeigt und zusätzlich Alarm- und Warnungsmeldungen, die mit dessen Zustand zusammenhänge direkt bei dem Zeitpunkt des Auftretens eingezeichnet.

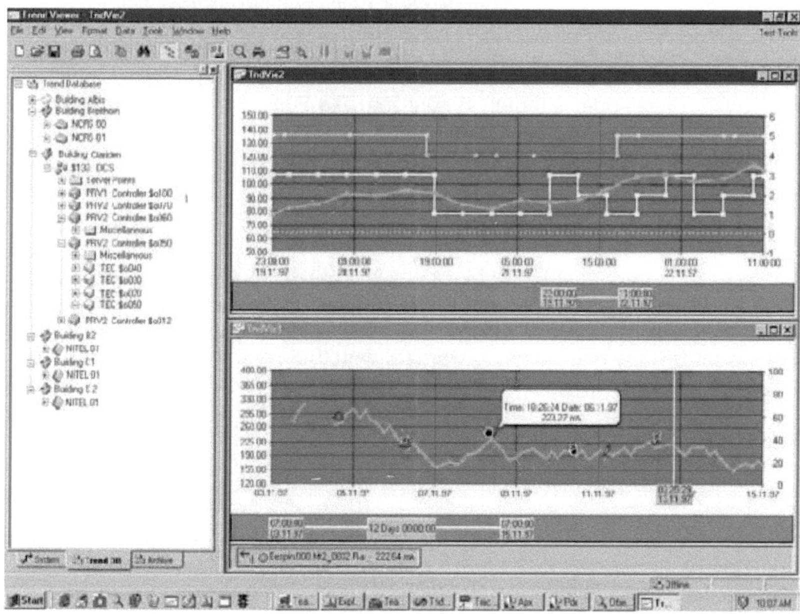

Abbildung 2.1: Beispiel für Trendaufzeichnung auf der Managementebene [Sie08]

Abbildung 2.2 ist ein Beispiel für die gleiche Funktionalität auf der Automatisierungsgeräteebene. Die Daten werden über ein Klartext-Bediengerät mit Grafikfunktion ausgegeben, damit Zustände direkt an der Anlage bzw. beim Prozessgerät getestet werden können. In der Abbildung ist beispielsweise die Online-Aufzeichnung der Aussentemperatur skizziert. Hier können auch mehrere Werte

gleichzeitig dargestellt werden. Die Unterscheidung der Wertekurven erfolgt durch die Art der Linienanzeige (unterbrochen, Punkte, usw.).

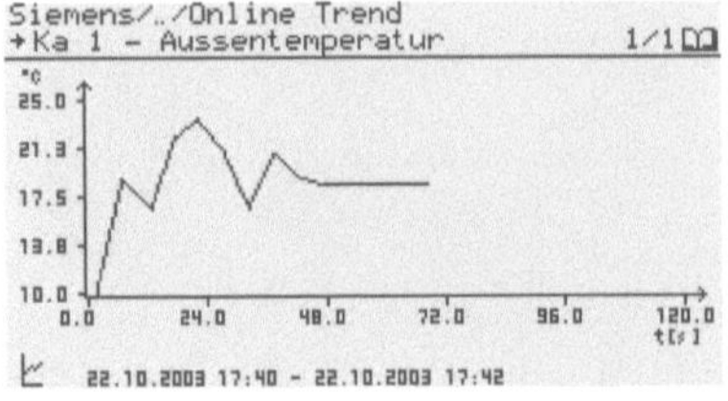

Abbildung 2.2: Beispiel für Trendaufzeichnung auf der Automatisierungsebene [Sie08]

## 2.1.2 Ereignisverarbeitungsfunktionalität

Die Warnung bei kritischen Anlagenzuständen, die in den angeschlossenen Prozessen und innerhalb des Prozessstationsnetzwerks auftreten müssen im kompletten System automatisiert generiert werden. Eine entsprechende Warnungsanzeige (akustisch und visuell) wird im ganzen System unterstützt.

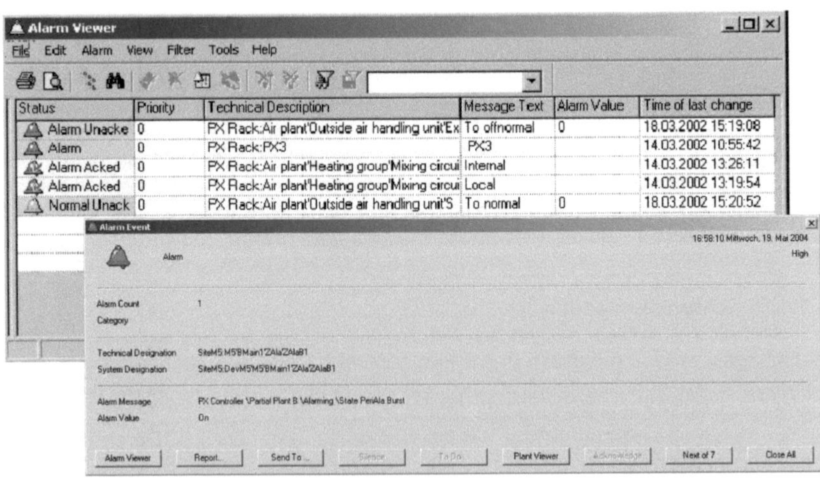

Abbildung 2.3: Beispiel für Meldungsausgabe auf der Managementebene [Sie08]

Die Abbildung 2.3 und Abbildung 2.4 zeigen die Meldungsanzeigefunktionen für die Management- und Automatisierungsebene. Die Meldungen in der Abbildung 2.3 zeigen das Management und Alarmierung über die Bedienstation. Das obere Fenster zeigt die detaillierte Übersicht über aktuelle und bereits bearbeitete Alarmmeldungen. Der hier sind Informationen über den Status der Meldungen (z.B. anstehend, quittiert), die Priorität, Beschreibung, Kurztexte, Zustand und Erscheinungszeit in tabellarischer Form angezeigt. Das untere Fenster ist ein Bei-

spiel für eine Pop-Up-Warnung eines akuten Alarms. Die Daten werden hier erneut dargestellt. Die Alarmmeldungen werden auch auf Prozessautomatisierungsebene über Bediengeräte angezeigt, wie in Abbildung 2.4 gezeigt.

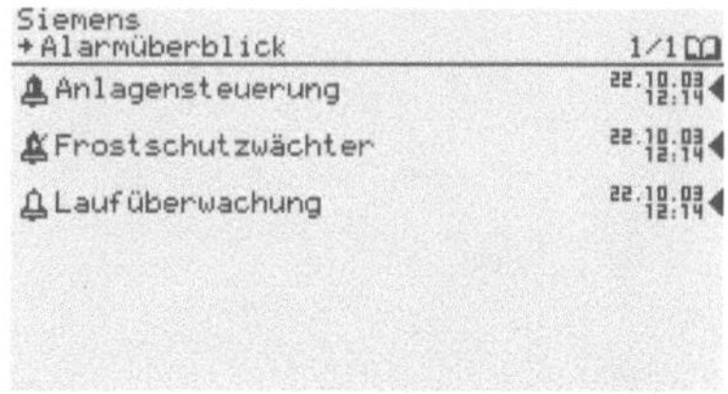


Abbildung 2.4: Beispiel für Meldungsausgabe auf der Automatisierungsebene [Sie08]

Das gegenständliche Leittechniksystem arbeitet hierbei wiederum mit BACnet-BIBB's, in welchen Alarme und Störungsmeldungen in bis zu 256 Dringlichkeitsstufen ausgegeben werden können. Die Stufen reichen von Warnungsmeldungen die aus einer Prozessroutine selbst behoben und quittiert werden über standardisierte und erweiterte Funktionalitäten (Unterscheidungen bei Quittierung und Behebung) bis zu Fernalarmierung von zuständigen Spezialtechnikern über Handy bzw. Pager.

Die Alarmierung wird sowohl an den Bediengeräten der Automatisierungsebene als auch der Leittechnikstation angezeigt und visualisiert. Das Meldungsmanagement erfolgt hierbei über die Bedien- bzw. Leittechnikstation. Die dringlichen Meldungen könne wahlweise in einer Liste mit farblicher Kennzeichnung und/oder direkt über die entsprechenden Anlagengrafiken angezeigt und quittiert werden. Alarmmeldungen werden zusätzlich als Po-Up angezeigt um eine sichere Kenntnisnahme zuzusichern. Alarmmeldungen die über SMS oder Pager versendet werden können ebenso mit einer Quittierungsfunktion versehen werden.

### 2.1.3  Zeitfunktionalität

Ausgangspunkt für Aufgaben der Energieoptimierung und Ablaufsteuerung eines Gebäudeautomationssystems ist die zeitliche Führung von Prozessabläufen. Arbeits- und Betriebszeiten sind die Maßstäbe zur Steuerung von Gebäuden und daher für einen wirtschaftlichen Betrieb der Anlage unerlässlich. Durch die zeitliche Abschaltung der Heiz-, Kühl-, Lüftungsversorgung sowie Beleuchtung und sonstigen E Arbeits- und Betriebszeiten energieverbrauchenden Elementen ist wesentlich für Energieeinsparungen. Die Abschaltung erfolgt hier jedoch nicht gänzlich, sondern die Werte der Heizung, Kühlung und Lüftung werden auf ein minimales Maß reduziert um die Wiederherstellung des Betriebszustandes in einer kürzeren Zeit durchführen zu können. Weiter können mit einer unterlagerten Raumautomatisierung in der Feldebene sogar Büros individuell eingestellt werden. Ist das Büro nicht vermietet bzw. Besetzt werden die Sollwerte abgesenkt und die Beleuchtung ausgeschalten. Es lässt sich festlegen, ob Räume während einer längeren Betriebspause (z.B. Urlaub) durch den Nutzer in den Normalbetrieb gesteuert werden dürfen. Die Zeitschaltprogramme werden, wie in Abbildung 2.5 und

Abbildung 2.6 skizziert grafisch angezeigt. Hier können sowohl über die Bedieneinheiten der Automatisierungsgeräte, als auch über die Gebäudeleittechnik Zeitfunktionen variabel verstellt werden.

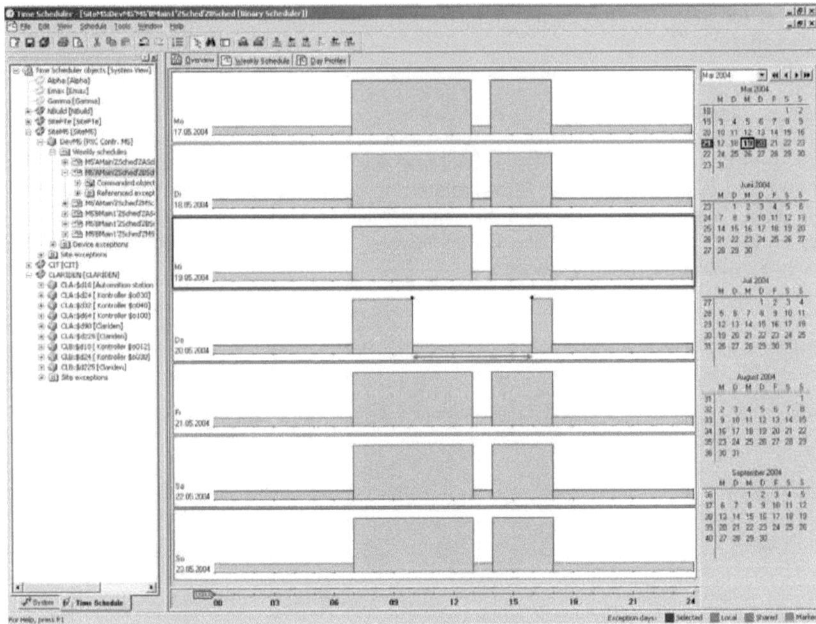

Abbildung 2.5: Beispiel für Zeitfunktionen auf der Managementebene [Sie08]

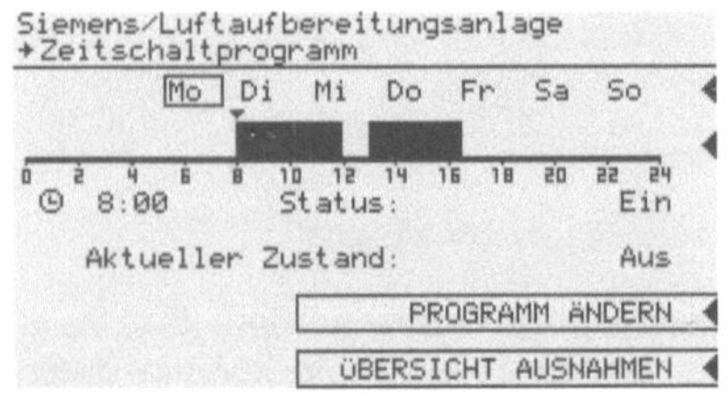


Abbildung 2.6: Beispiel für Zeitfunktionen auf der Automatisierungsebene [Sie08]

## 2.1.4 Nutzerzugriffsverwaltung

Die Betreiber der Anlage müssen zuordnen können, welche Nutzer welche Zugriffsrechte auf dem System besitzen, daher werden diese über die Managementstation verwaltet. Jeder Nutzer muss sich ab der MMI-Schnittstelle der Automatisierungsebene mit einem Benutzernamen und Passwort anmelden um Änderungen vornehmen zu können. Der Zuständige Gebäudebetreiber kann dem Nut-

zer Schreibe- und Leserechte beiordnen und dessen Eingrifftiefe in die Prozessautomatisierung bestimmen. Durch das Log-In des Nutzers werden alle Änderungen aufgezeichnet und können genau nachvollzogen werden. Auf der Leittechnikstation kann der Zugriff auf den Anwender zugeschnitten werden. Das heisst, der Nutzer hat eingeschränkten zugriff auf Anlagen bzw. kann nur gewisse Anlagengrafiken sehen.

### 2.1.5  Grafikdarstellung

Zur Veranschaulichung des Prozesses und der Funktionsabläufe müssen die Prozesse und Einrichtungen der Automatisierung in grafischen Darstellungen vorhanden sein. Die Grafiken erlauben ein übersichtliches Management der angeschlossenen Hard- und Software. Die Darstellungen können in zwei- und dreidimensionaler Symbolik dargestellt werden.

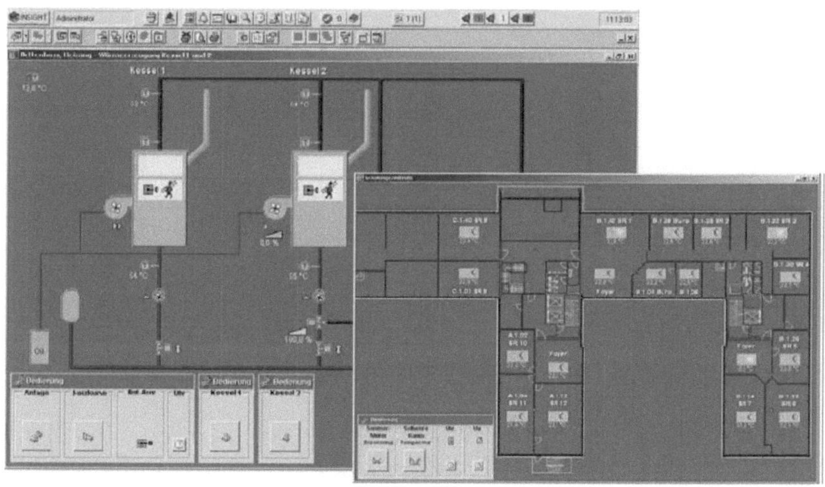

Abbildung 2.7: Anlagendarstellung zentrale Leittechnik [Sie08]

Abbildung 2.7 ist ein Beispiel für Anlagendarstellungen. Das größere Bild zeigt eine Energiezentrale mit zwei Ölheizkesseln. Die Einzelelemente können durch Auswahl in den gewünschten Zustand übersteuert werden. Alarme werden direkt in der Grafik beim zugehörigen Element in Form eines Alarmsymbols angezeigt. Das Navigieren von der Grafik zu den anderen, vor beschriebenen Funktionen erfolgt durch Multitasking bzw. Ereignisgesteuert. Die kleine Grafik rechts zeigt eine 'Navigationsgrafik für die Raumautomatisierung. Über einen Grundrissplan des Gebäudes werden die Räume mit Ihrer Nummer und Funktion dargestellt. Werden nähere Informationen erforderlich so kommt man über die Auswahl des Raums zur zugehörigen Grafikdarstellung im Raum.

## 2.2 Datenauswertung und Energiemanagement

Dank der fortlaufenden Zusammenführung der Automatisierungssysteme in Gebäuden entstehen neue Ansprüche an Prozessautomatisierungssysteme der Gebäudeautomatisierung. Die dadurch entstehende Datenmenge, die über die Gebäudeleittechnik ausgewertet, verarbeitet und optimiert werden müssen ist parallel angestiegen. Ein Management von diesen Daten wird durch leistungsstarke Serverplattformen und Datenarchivierung realisiert. Die normale Datenauswertung ist für komplexe Rechen- und Reportfunktionen ungeeignet. Daher Stellt Desigo mit dem Process Data Management (PDM) ein System zur Verfügung mit dem alle angeschlossenen Daten, egal ob virtuell oder physikalisch, verarbeitet und berechnete Ergebnisse ausgewertet werden können. Die Daten werden dabei online aus dem Prozess aktualisiert und zyklisch als auch redundant rückgesichert.

Effizientes und wirtschaftliches ausüben von Energiefunktionen werde durch den so genannten Programmbaustein Consumption Control (CC) oder Advanced Data Processing (ADP) für das technische Anlagencontrolling ausgeführt.

# 3. DIE AUTOMATISIERUNGSEBENE

Die Automatisierungsebene ist mit zwei Typen an Prozessstationen aufgebaut. Die kompakte Baureihe ist für platzsparende und kostengünstige Installation optimiert. Die modularen Stationen bieten ein vielfältiges Spektrum an Ein- und Ausgangssignalen, die auf Hardwarebasis einzeln und manuell übersteuerbar sind.

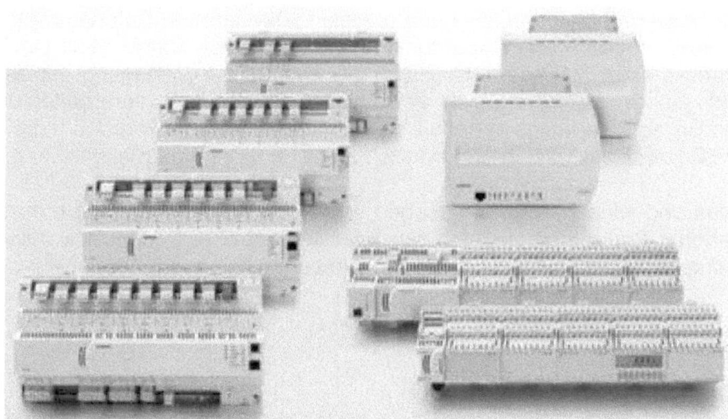

Abbildung 3.1: Automationsstationen PX DESIGO [Sie08]

Links in der Abbildung 3.1 sind die kompakten Stationen, rechts oben die modularen Prozessrecheneinheiten abgebildet. Die modularen Stationen bilden mit den, rechts unten abgebildeten Erweiterungsmodulen eine funktionelle Einheit. Die Module sind im Punkt 4.1, Seite 16 näher beschrieben.

Bei Ausfall der Kommunikation bleiben die Prozessgeräte in Ihrer Funktion bestehen und arbeiten autark weiter. Alle Prozessstationen bieten die Möglichkeit ein Modem direkt auf dem Automatisierungsgerät anzuschließen. Dies bringt den Vorteil auch einzelne Stationen in weit abgesetzten Anlagen zu positionieren, jedoch die volle Bedienbarkeit zu behalten.

## 3.1.1 kompakte Prozessstationen

Die kompakte Baureihe PX wurde für dezentrale, verteilte und/oder kostenoptimierte Automatisierung entwickelt. Die Geräte besitzen, bis auf den PXC10 und PXC52 wahlweise Kommunikationsschnittstellen auf Basis BACnet LonTalk oder BACnet Ethernet/IP. Die Stationen haben zusätzlich Schnittstellen für alle Bediengeräte lt. Abschnitt 0, Seite 13.

Tabelle 3-1: Typenübersicht kompakte Prozessgeräte PX

| TYP | PXC10 | PXC12 | PXC22 | PXC36 | PXC52 |
|---|---|---|---|---|---|
| E/A Total | 10 | 12 | 22 | 36 | 52 |
| UA | 4 | 6 | 8 | 12 | 16 |
| DE | 4 | 0 | 4 | 12 | 16 |
| AA | - | 4 | 4 | 6 | 8 |
| DA | 2 | 2 | 6 | 6 | 12 |

Die

Tabelle 3-1 zeigt die komplette Produktpalette der kompakten Prozesseinheiten. Universell gekennzeichnete Eingänge können wahlweise für analoge oder digitale Werte verwendet werden. Nachteil ist, dass die Eingänge mit standardisierten Stromwerten (4..20mA, 0..20mA) nur über galvanisch getrennte Schnittstellen- wandler in das Prozessgerät eingelesen werden können. Stromsignale werden über die E/A-Module eingelesen.

### 3.1.2 modular aufgebaute Prozessstationen

Die modularen Baureihe PX ist zur Bearbeitung von größeren Datenschwerpunk- ten mittels frei kombinierbarer E/A-Module gebaut. Die Kommunikation erfolgt durch zusätzliche Einschübe wahlweise auf Basis BACnet LonTalk oder BACnet Ethernet/IP. Die Bedieneingriffe sind einerseits über die Schnittstellen für alle Be- diengeräte lt. Abschnitt 0, Seite 13 und über die Managementstation möglich. An- dererseits sind die Prozessstationen bei Ausfall des Prozessgeräts über die Handbedienebene Der E/A Module (Beschreibung in Abschnitt 4.1, Seite 16) übersteuerbar.

Tabelle 3-2: Typenübersicht modulare Prozessgerät PX

| TYP | PXC64 | PXC128 |
|---|---|---|
| E/A max. | 175 | 350 |
| BE | 64 | 128 |

Die Tabelle 3-2 zeigt die komplette Produktpalette der modularen Prozesseinhei- ten. Die angegebenen Belastungseinheiten (BE) geben Auskunft über die Versor- gungsbelastung der Buskommunikation zwischen Automatisierungsstation und E/A-Modulen.

### 3.1.3 MMI in der Automatisierungsebene

Die Mensch-Maschine-Interfaces in der Gebäudeautomatisierung erfordern eine hohe Skalierbarkeit der Anzeigefunktionen. Die Bediengeräte müssen Klartexte zur Zustands- und Bedienanzeige enthalten, die vom Nutzer variabel verändert werden können. Die Bediengeräte des Systems erlauben die Übersteuerung von virtuellen und physikalischen Zuständen der Anlage im vollen Umfang der reali- sierten Prozessgeräte. So können Aggregate, Anlagen und Sollwerte über die Be- diengeräte durchgängig verstellt und eingestellt werden. Die Nutzereingriffe sind dabei über die Zuordnung von Nutzerrechten und eines Logbuchs nachvollziehbar gestaltet.

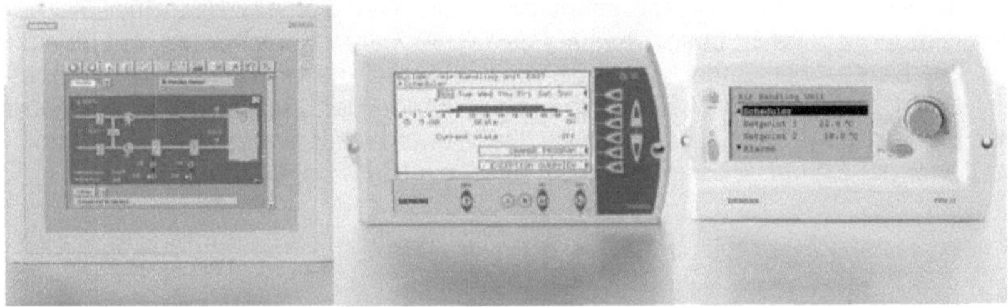

Abbildung 3.2: Bediengeräte für modulare Prozessstationen [Sie08]

Die volle Palette an Bediengeräten für die Prozessstationen ist in Abbildung 3.2 fotografisch ersichtlich. Das Bedienpanel links hat die gesamte Funktionalität einer Bedienstation mit den Funktionen aus Kapitel 2.1. Das Bediengerät in der Mitte ist eine Mischung aus Klartext-Bedienung und Grafik. Hier können Zeitprogramme, Meldungen und Trendkurven grafisch dargestellt werden. Das rechte Bediengerät ist eine kostenoptimierte Bedienung ausschließlich über Klartexte.

### 3.1.4  Webserver für Automatisierungsebene

Die Web-Aufschaltung des Systems ist die Abbildung der Software aus Kapitel 2.1. Die Abbildung zeit Beispiele einer Web-Grafik über Standard-Internetbrowser.

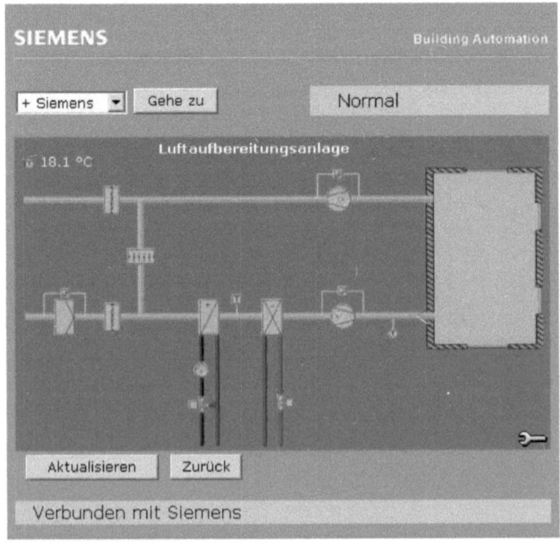


Abbildung 3.3: WEB-Darstellung von Anlagen über Web-Browser [Sie08]

Die Web-Aufschaltung erfolgt wahlweise über einen eigenen Web-Controller in der Automatisierungsebene, über Einschübe in den modularen Prozessstationen oder

über Serverzugriff in der Managementebene. Die Web-Funktionalität über die Automatisierungsebene ist beschränkt auf den verfügbaren Speicher des Prozessgeräts. Die Daten (inkl. Bilder zur Bedienung) sind bei dieser Ausführung im Speicher des Controllers bzw. Einschubs gespeichert. Der Zugriff erfolgt entweder über Modem oder Netzwerkanschluss. Bei Serverzugriff werden die Funktionen und Bilder der Server-/Bedienstation via Intra- bzw. Internet verfügbar.

# 4. DIE FELDEBENE

Die Feldebene ist in diesem Teilabschnitt der Arbeit beschrieben. Hier werden die Funktion der Ein- und Ausgabebaugruppen der Prozessgeräte und die Einzelraumregelung beschrieben. Es sind die Möglichkeiten des Systems anhand von grafischen Darstellungen ersichtlich.

## 4.1 Baugruppen zur Signalverarbeitung

Die Baugruppen zur Signalverarbeitung sind in der Automatisierungs- und Managementebene angeordnet. Baugruppenträger haben die Ein- und Ausgabesignale direkt am Hardwareein- bzw. -ausgang angeschlossen. Man unterscheidet Hier zwischen kompakten und modularen Prozessgeräten. Kompakte Prozessgeräte haben die Ein- und Ausgaben direkt am Gerät enthalten, der auch den Prozessor enthalten. Die modulare Variante hat den Prozessrechner getrennt von der Prozesssignalverarbeitung. Kompakte Automatisierungsgeräte sind in der Regel günstiger und verbrauchen weniger Platz. Die modularen Stationen haben jedoch mehr Ausbaukapazität und eine direkte manuelle Übersteuerungsmöglichkeit am Gerät angeordnet.

Die Baugruppen für die modularen Controller stellen das Interface zu Aktorik und Sensorik des zu steuernden Prozesses dar. Diese werden mit den modularen Prozessstationen über eine proprietäre Busverbindung gekoppelt. Zusätzlich können die Einheiten mit einer geeigneten Verkabelung (Koaxialkabel) bis zu 100m entfernt von der Prozessstation montiert und betrieben werden. Die Eingangserfassung umschließt die Funktionen für: digitale Meldungen, Fühlerwerterfassung, Zählwerterfassung. Die Ausgangsfunktionen sind im Wesentlichen: binäres Schalten, stetige Stellsignale. Die Baugruppenauswahl ist für die Montage auf Standard DIN-Schienen in Verteilern konzipiert. Über dreifärbige LED's und/oder LCD-Anzeige werden dem Nutzer der Status des Eingangs und andererseits der Zustand der manuellen Übersteuerung angezeigt. Je nach Signaltyp (binärer und analoger Ausgang) ist eine manuelle Bedienung für den Notbetrieb der Anlage ausgerüstet. Somit ist bei Ausfall der Zentralstation sichergestellt, dass die einzelnen Ausgangs- und Eingangsparameter händisch Übersteuert und visuell angezeigt werden können. So kann z.B. ein stetiger Ausgang über ein in der Front des Moduls angebrachten Schalter in seinem Ausgangswert (0 bis 100%) übersteuert werden. Die eingestellte Ausgangsgröße ist an einem LCD-Anzeigebild angezeigt, die manuelle Übersteuerung als LED-Anzeige dargestellt und ist so lange aktiv bis der Ausgang wieder auf „Automatik" zurückgesetzt wird. Trennklemmen sind bei Einsatz dieser Einheiten im Verteiler nicht erforderlich. Diese Funktion ist an den Eingangsklemmen der Baugruppen bereits vorhanden. Die volle Funktionsfähigkeit der Module ist in Abbildung 4.1, Seite 17 oben anschaulich gemacht.

Abbildung 4.1: voller Funktionsumfang TX-E/A-Modul [Sie08]

Über die E/A-Module können auf Feldebene weiters Kopplungen von Bussystemen anderer Hersteller realisiert werden. Die gesamten Funktionen der Module sind in der  dargestellt:

Tabelle 4-1: E/A-Module Übersicht

| TXM1. | 8D | 16D | 6R | 6R-ML | 8U | 8U-ML | PTE |
|---|---|---|---|---|---|---|---|
| E/A | 8 | 16 | 6 | 6 | 8 | 8 | - |
| UE | - | - | - | - | 8 | 8 | - |
| DE | 8 | 16 | - | - | (8) | (8) | - |
| DA | - | - | 6 | 6 | - | - | - |
| AA | - | - | - | - | (8) | - | - |
| HBE | o | o | o | x, o | o | x, o | o |
| BUS | - | - | - | - | - | - | x |

In der Tabelle sind die Funktionalität Ein- und Ausgangsanzahl sowie Busart und Handbedienmöglichkeit spezifiziert. Unter Handbedienebene sind auch die Signalisierungen via LED mit dem Symbol „o" gekennzeichnet.

Die Busprotokolle der möglichen Integrationen in der Spalte „PTE" sind:

- Mod-Bus
- M-Bus
- SED2-Bus (Frequenzumrichter Siemens, RS-485)
- WILO-Pumpenbus
- GRUNDFOSS-Pumpenbus
- MENERGA-Lüftungsgerätebus
- DANFOSS-Frequenzumrichterbus

## 4.2 Raumautomatisierung

Die Raumautomatisierung wird über dezentral ausgelagerte Funktionen integriert in kompakten Raumautomatisierungsgeräten implementiert. Die Funktionen einer Raumautomatisierung sind Beispielhaft in der Abbildung 4.3 symbolisiert.

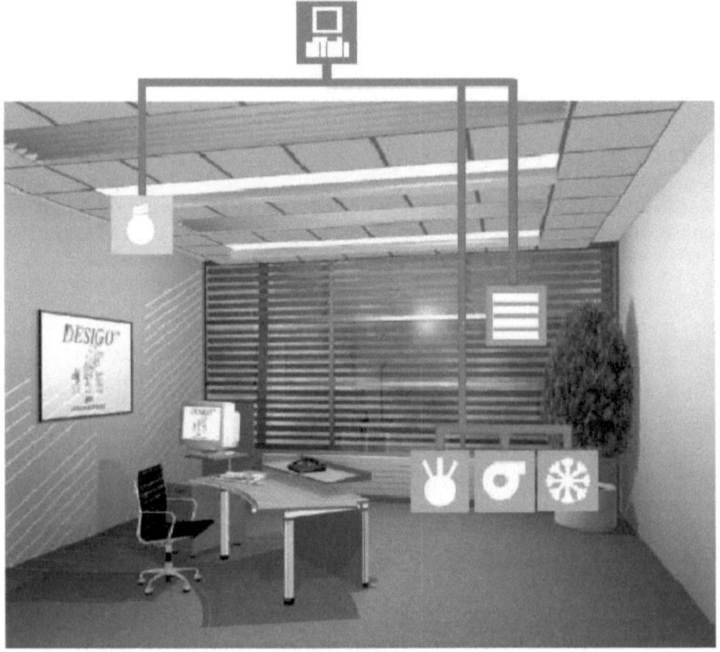

Abbildung 4.2: Anwendungsbeispiel für DESIGO RXC [Sie08]

Bei Vollausbau der Raumautomatisierung ergeben sich folgende Funktionen:

> Heizungszonensteuerung
> Kühlungszonensteuerung
> Lüftungszonensteuerung
> Aussenlichtabhängige, gedimmte Beleuchtungssteuerung mehrfach je Raum
> Aussenlicht- und Sonnenstandsabhängige Jalousiesteuerung mehrfach je Raum
> Medienkopplung (z.B. Beamer)

Die Ansteuerung der einzelnen Komponenten über eine busfähige Raumautomatisierung bringt eben dem hohen Nutzerkomfort und anderen Vorteilen zwei wesentliche Verbesserungen der Gebäudeautomatisierung. Erstens können alle Betriebszeiten und Zustände im Raum zentral überwacht werden. Dadurch ist ein die

gesamte Datenmenge der Komponenten und kritische Zustände leicht nachver-
folgbar und der Verwaltungsaufwand für die Betriebsführung wird wesentlich mi-
nimiert. Zweitens sind Änderungen der Grundrisse in Großraumbüros auf kleinere
Einheiten einfach über Softwarebinding und ohne umverdrahtung möglich. Beim
Binding werden die einzelnen peripheren Geräte der Raumautomatisierung in der
Adressierung einem organisatorischen Raum zugeordnet. Dies geschieht bis zur
kleinsten Teilungseinheit, in der nur eine einzige Komponente einem Raum zugeordnet ist.

### 4.2.1 Raumautomation auf Basis LonMark

Das System Desigo RXC funktioniert auf Basis von LonTalk-Protokoll. Die über-
tragenen Daten sind in Form von Standardvariablen (SNVT) in der Norm festge-
legt. Mediensteuerungen oder andere Lon-fähige Geräte werden direkt auf der
Feldebene integriert und ermöglichen eine Querkommunikation zwischen den De-
vices der Feldebene.

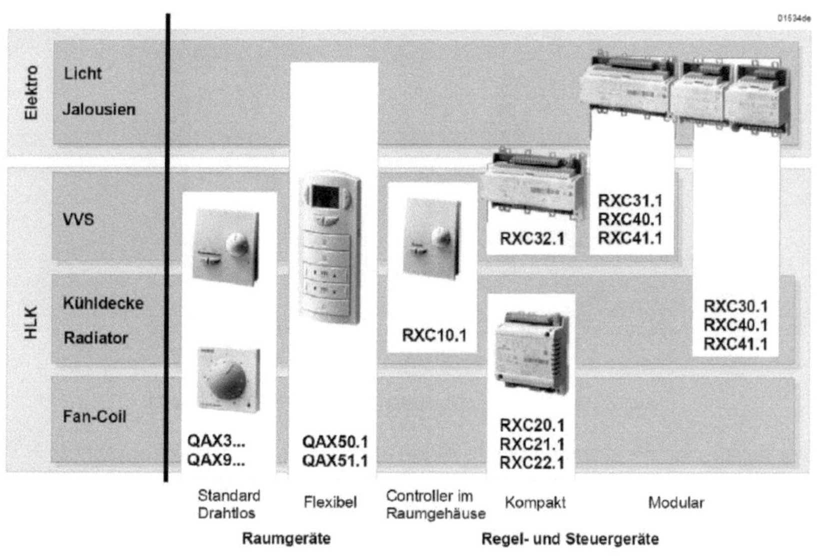


Abbildung 4.3: Funktionalität DESIGO RXC (Lon-Bus)

Die Abbildung 4.3 zeigt die Funktionalität der einzelnen Geräte. In der Aufstellung
sind einerseits Bediengeräte (QAX..) und Regelgeräte (RXC..) der jeweiligen
Funktionserfüllung zugeordnet.

## 4.2.2  Raumautomation auf Basis KNX (EIB)

Die Plattform RXB ist gleichwertig mit der Basis RXC, die Übertragung der Daten erfolgt jedoch über KNX-Bus, der Weiterentwicklung des EIB-Bus. Diese Variante wird vorwiegend dort zu Einsatz gebracht, wo diverse EIB- bzw. KNX-Steuerungen für allgemeine Aufgaben im Bürobereich in die Gebäudeleittechnik eingebunden werden sollen. KNX/EIB ist im Gegensatz zu LON etwas langsamer.

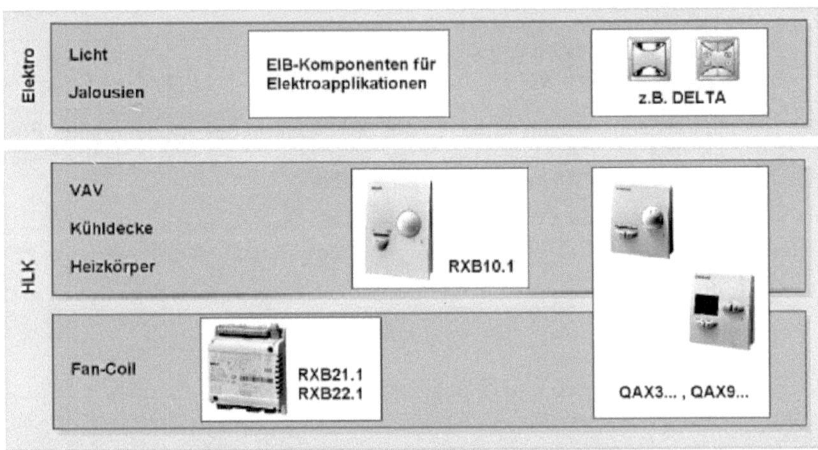


Abbildung 4.4: Funktionalität DESIGO RXB (KNX-Bus)

Die Funktionen der Baureihe sind äquivalent zur vorhergehenden RXC-Baureihe in der Abbildung 4.4 dargestellt.

# 5. INTERGRATION VON DRITTHERSTELLERN

Neben den Schnittstellen die im Kapitel 1.1, Seite 1 aufgezählt sind lassen sich folgende Schnittstellen im System einbinden:

> Siemens PROFIBUS, SIMATIC S7 und S5
> Siemens SIPORT NT (Zutrittskontrolle)
> Esser Winmag (BMA/EMA)
> RATIO (Automationssystem)
> Algorex (Brandmeldeanlage)
> OPC-Server und -Client

Die Busintegrationen erfolgen whlweise auf der Plattform der vor genannten Prozessgeräten und bei OPC-Lösungen über eine Mini-PC-Hardwareplattform auf Automatisierungs- als auch in der Managementebene.

# 6. SOFTWARE-ENGINEERING

„Für die Projektierung und technische Bearbeitung der Automationsstationen stehen professionelle Softwarewerkzeuge und eine Vielzahl von getesteten Applikationsbausteinen zur Verfugung. Die Programmiersprache D-MAP ist für gebäudetechnische Anwendungen optimiert." [Sie08]

Das Softwareengineeringtool für die Projektbearbeitung geschieht über folgende Programmelemente:

> Projektdatenverwaltung
> Systemtopologieauslegung
> Programmierung der Automationsstationen
> Programmierung und Inbetriebnahme
> Inbetriebnahme der BACnet Router

Der Entwurf bildet die Grundlage zur Programmierung, welche zusammen mit der Bausteinbibliothek  individuellen Losungen erlaubt. Parametrierung und Inbetriebnahme werden durch automatisierte Dokumente (IB-Listen, Softwaretools) erlaubt. Der CFC-Editor (Continuous Function Chart) dient dazu als Basis. Die oberflächliche Bearbeitung von Projekten ist in Abbildung 6.1 skizziert. Zur Dokumentation stehen verschiedene Report-Funktionen zur Verfugung.

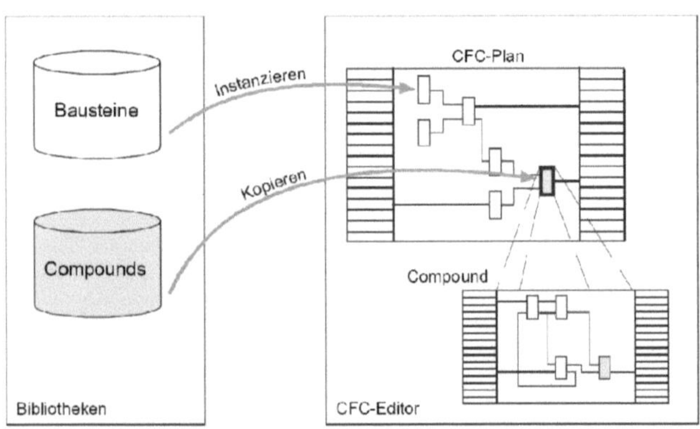


Abbildung 6.1: Funktionsweise des Programmiertools [Sie08]

D-MAP ist die Programmsprache (= DESIGO Modular Application Programming)
speziell entworfen für haustechnischen Anlagen. Durch grafische Datenflusspro-
grammierung, siehe Abbildung 6.2, werden die notwendigen und für den optimalen
Betrieb geeigneten Steuer- und Regelstrategien implementiert. (vgl.[Sie08])

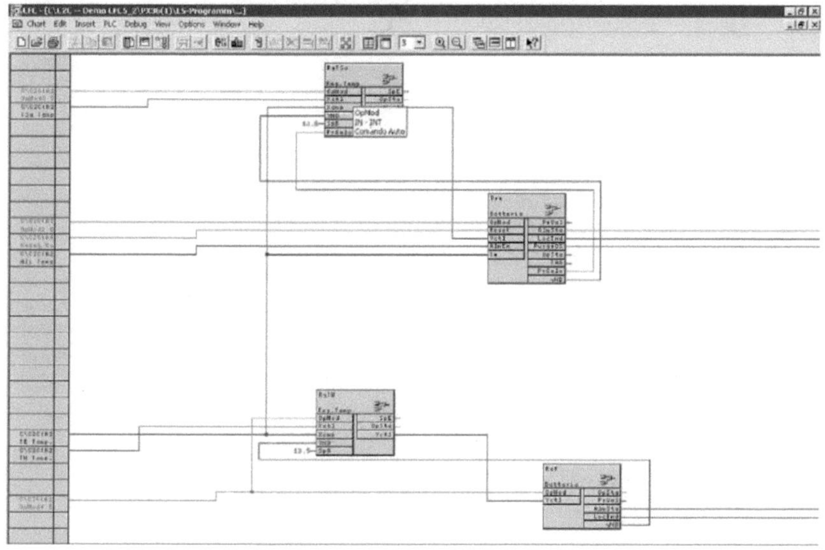

Abbildung 6.2: D-MAP Beispielbildschirm [Sie08]

## ABBILDUNGSVERZEICHNIS

Abbildung 1.1: Systemtopologie DESIGO [Sie08] ................................................. 2
Abbildung 2.1: Beispiel für Trendaufzeichnung auf der Managementebene [Sie08]
............................................................................................................................... 5
Abbildung 2.2: Beispiel für Trendaufzeichnung auf der Automatisierungsebene
[Sie08] ................................................................................................................... 6
Abbildung 2.3: Beispiel für Meldungsausgabe auf der Managementebene [Sie08] 6
Abbildung 2.4: Beispiel für Meldungsausgabe auf der Automatisierungsebene
[Sie08] ................................................................................................................... 7
Abbildung 2.5: Beispiel für Zeitfunktionen auf der Managementebene [Sie08] ...... 8
Abbildung 2.6: Beispiel für Zeitfunktionen auf der Automatisierungsebene [Sie08] 8
Abbildung 2.7: Anlagendarstellung zentrale Leittechnik [Sie08] ........................... 9
Abbildung 3.1: Automationsstationen PX DESIGO [Sie08] ................................. 11
Abbildung 3.2: Bediengeräte für modulare Prozessstationen [Sie08] ................... 14
Abbildung 3.3: WEB-Darstellung von Anlagen über Web-Browser [Sie08] .......... 14
Abbildung 4.1: voller Funktionsumfang TX-E/A-Modul [Sie08] ............................ 17
Abbildung 4.2: Anwendungsbeispiel für DESIGO RXC [Sie08] ............................ 18
Abbildung 4.3: Funktionalität DESIGO RXC (Lon-Bus) ....................................... 19
Abbildung 4.4: Funktionalität DESIGO RXB (KNX-Bus) ...................................... 20
Abbildung 6.1: Funktionsweise des Programmiertools [Sie08] ............................ 22
Abbildung 6.2: D-MAP Beispielbildschirm [Sie08] .............................................. 23

# Tabellenverzeichnis


Tabelle 3-1: Typenübersicht kompakte Prozessgeräte PX.................................... 12
Tabelle 3-2: Typenübersicht modulare Prozessgerät PX ................................... 13
Tabelle 4-1: E/A-Module Übersicht........................................................ 17

## LITERATURVERZEICHNIS

**Bücher**

[Kra06]     Hans R. Kranz (2.Auflage 2006), Promotor Verlags- und Förderungs-
            GesmbH, Karlsruhe. BACnet Gebäude-Automation, Seite 49

**Internet**

[Sie08]     Siemens AG Österreich www.siemens.at/sbt/ (Stand 26.04.2008)